ニュートン超図解新書

最強にわかる 依存症

JN197836

はじめに

依存症は，依存性のある物質の摂取や依存性のある行為を，やめたくてもやめられない病気です。たとえば，お酒やたばこをやめたくてもやめられない，ギャンブルやゲームをやめたくてもやめられない，そういう状態が依存症です。

しかし，スマートフォンのSNSやゲームに熱中して，つい夜ふかしをしてしまったという経験は，誰しもあるのではないでしょうか。これは，依存症なのでしょうか。実は，熱中と依存症の線引きは，明瞭ではありません。多くの場合，その人の社会生活にどれだけ支障が出ているかをもとに，依存症かどうかが判断されます。それだけ依存症は，私たちにとって身近な病気なのです。

本書は，依存症について，ゼロから学べる1冊です。「物質依存症」「行為依存症」「人への依存」の3種類の依存症にくわえて，依存症になってしまう心理や，依存症からの回復についても，“最強に”わかりやすく紹介しています。どうぞご覧ください。

ニュートン超図解新書

最強にわかる 依存症

イントロダクション

第1章 物質依存症

第2章 行為依存症

第3章 人への依存

親密でなくなる
尽くす

第4章 依存症になってしまう心理

第5章 依存症から回復するために

【本書の主な登場人物】

ベンジャミン・ラッシュ
（1745～1813）
アメリカの医師。精神疾患治療の先駆者であり，アメリカ精神医学の父と呼ばれている。アメリカ合衆国建国の父の一人でもある。

中学生

マレーバク

イントロダクション

依存症は，依存性のある物質の摂取や依存性のある行為を，やめたくてもやめられない病気です。イントロダクションでは，依存症とは何かについて，簡単に説明しましょう。

1 やめたくてもやめられない。それが依存症

誰でも，依存症になる可能性は十分にある

依存性のある物質の摂取や依存性のある行為を，やめたくてもやめられない病気。それが依存症です。

依存症を引きおこし，やめられなくなってしまうものとしてまず思い浮かぶのは，お酒，タバコ，違法薬物の三つではないでしょうか。しかし，「お酒はそんなに飲まないし，タバコは吸わない。当然，違法薬物など見たこともない」という人でも，依存症になる可能性は十分にあります。

注：行為の依存症は，学術的には「嗜癖」といいます。本書では，「依存症」と表記しています。

身近な行為も，依存の対象になりうる

たとえば，薬局にある風邪薬や，病院で処方される睡眠薬には，依存性の高い物質を含むものがあります。**こうした何らかの物質に依存することを，「物質依存症」といいます。一方で，何かをするという行為に依存することを，「行為依存症」といいます。**

行為依存症の対象は，ギャンブル，インターネット，ゲーム，窃盗，買い物，食事，自傷行為，仕事，恋愛など，さまざまです。私たちが日常で行う身近な行為も，実は，依存の対象になりうるのです。

市販薬や処方薬の中でも依存性の高い物質を多く含むものは，慢性的な服用を経て手放せなくなり，多量の服用で死にいたる危険性もあるのだ。

1 身近な依存症

身近な依存症の例をえがきました（A～G）。市販薬・処方薬依存症とゲーム障害（ゲーム依存症）以外は，病気としては認定されていません。しかし，やめられなくなって社会生活に支障が出るという点では，同じといえます。

A. 市販薬・処方薬依存症

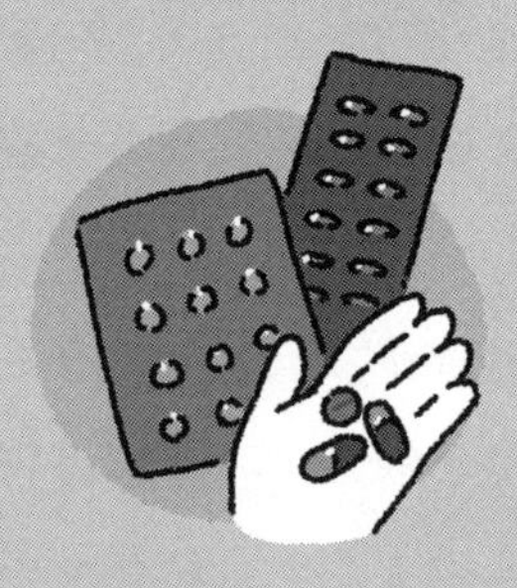

B. 買い物依存症

C. 恋愛依存症

D. ゲーム障害（ゲーム依存症）

E. 窃盗依存症（クレプトマニア）

F. 仕事依存症

G. インターネット依存症

2 依存症のきっかけは，息抜きや気分転換

くりかえすうちに，やめられなくなる

仕事で理不尽に怒られ，ストレスをまぎらわせようとして，お酒をたくさん飲んでしまった，という経験をしたことがある人もいるのではないでしょうか。お酒のほかには，ギャンブルやスマホのゲームなどで，ストレスを発散したという人もいるかもしれません。

最初は息抜きや気分転換のために使った物質や行為が，くりかえすうちに，やめられなくなってしまうことがあります。

2 依存症のきっかけ

仕事で怒られたストレスをまぎらわせようとして，お酒を飲みすぎてしまっている人をえがきました。くりかえすうちに，お酒をやめられなくなってしまうことがあります。

誰かに相談することもできない

物質や行為をやめられなくなってしまう理由は，主に三つあります。

一つ目の理由は，脳の回路が変化するためです。脳の回路が変化すると，もっと使いたい，もっとつづけたいと，脳が渇望するようになります。

二つ目の理由は，価値観が変化するためです。人生の優先事項が，お酒やゲームになります。

そして三つ目の理由は，周囲からの孤立です。心配した家族や周囲の人から注意を受けても，やめることができず，また誰かに相談することもできません。不安を解消するために，ますますお酒やゲームがやめられなくなるのです。

3 依存症は，家族を巻きこんでしまう

家族や友人，仕事仲間などとの関係が希薄に

依存症は，依存症になった本人だけでなく，家族をも巻きこんで進行するという特徴があります。

依存症になると，初期の段階から，お酒を飲めないことやゲームをできないことなどに対してイライラし，落ち着きがなくなります。お酒やゲームなどに時間とお金を費やすため，日常生活のバランスがくずれはじめます。そして家族や友人，仕事仲間などとの関係が希薄になり，自分の役割が果たせなくなります。

嘘をつき，暴言をはき，暴力をふるう

依存症が進行すると，問題が家族や周囲の人にもおよびます。依存症の人は，依存症の進行を食い止めようとする家族や周囲の人に嘘をつき，暴言をはき，暴力をふるいます。家族は，その問題をかくそうとし，問題を常に考えることで，次第に消耗していきます。

依存症がさらに進行すると，仕事の無断欠勤や，借金などの金銭トラブルも表面化します。そして，失職や離婚などによって，社会生活が破たんしてしまうのです。

家族や周囲が依存症の人を助けようとして，借金の肩代わりをしたりすると，依存をつづける環境が整ってしまって，症状が悪化してしまうことがあるそうよ。

3 家族を巻きこむ依存症

家族に暴力をふるってしまう，アルコール依存症の人をえがきました。家族は，消耗してしまいます。

4 熱中と依存症では，大事なものの順位がちがう

社会生活にどれだけ支障が出ているか

毎日長時間のランニングをする人，連日深夜までゲームをする人。何かに熱中して，もう少しだけやろうと思ったことは，だれしもあることでしょう。では，どこからが依存症なのでしょうか。

実は，熱中と依存症の線引きは，明瞭ではありません。多くの場合，その人の社会生活にどれだけ支障が出ているかをもとに，依存症の治療を行うべきかどうかが判断されます。

4 大事なものランキング

ゲームを趣味とする人が，依存症になるまでの「大事なものランキング」の変化をえがきました。社会生活に大きな支障が出ている場合，依存症の可能性があります。

A. 趣味の段階

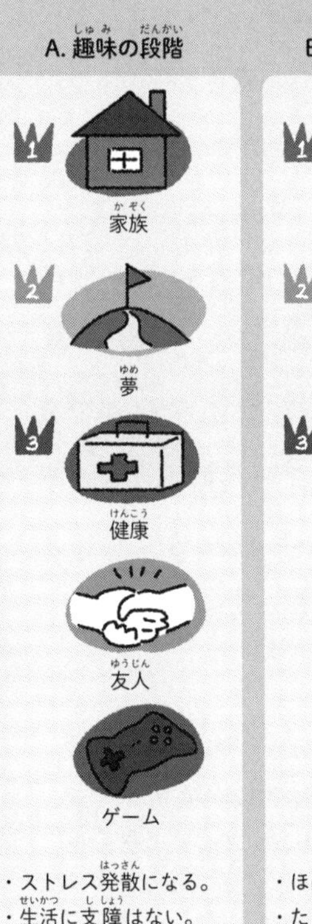
1
家族
2
夢
3
健康
友人
ゲーム

・ストレス発散になる。
・生活に支障はない。

B. 依存症予備群

1 家族
2 ゲーム
3 夢
健康
友人

・ほぼ自分で抑制できる。
・たまに日常生活に支障が出る。

C. 依存症

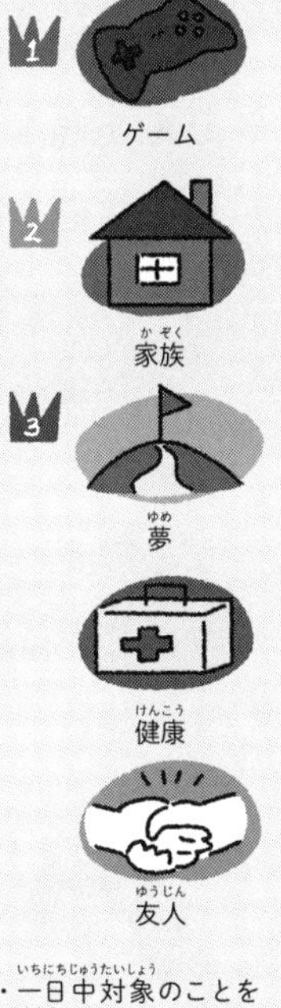
1
ゲーム
2
家族
3
夢
健康
友人

・一日中対象のことを考える。
・時間やお金を浪費する。
・社会生活に支障が出る。

家族や健康よりも，依存対象が圧倒的な１位に

依存症になると，本人の「大事なものランキング」が変わってしまうといいます。自分にとって大事なものを順番に並べると，依存症になる前は，家族や将来の夢や健康などが，依存対象よりも上位にきます。しかし，依存症になると，家族や健康などをさしおいて，依存対象が圧倒的な1位となってしまうのです。

依存症の人は，自分では依存対象を制御できない状態にあります（コントロール障害）。大事なものランキングに異常がみられたら，もしかすると依存症かもしれません。

ゲームがやめられずに仕事や学校を頻繁に休んでしまったり，ギャンブルにはまりすぎて多額の借金をしてしまったりと，社会生活に大きな支障が出ている場合，依存症の可能性が高いといえるのだ。

5 複数の依存症が，重なることもある

苦痛に，気づかないようにしている

　依存症は，複数の依存症が重なったり，物質への依存と行為への依存を次々と発症したりすることがあります。たとえば女性に多いのが，アルコール依存症を発症し，症状がおさまったころに買い物依存症を発症し，その症状がおさまると今度は摂食障害や自傷行為を発症するという例です。

　このように依存症を次々と発症してしまう原因は，心理的な苦痛や精神的な苦痛を誰かに言葉で伝えるのではなく，とりあえずお酒や買い物などでまぎらわせて，自分でも気づかないようにしているからなのではないかと考えられています。一度依存症になると，脳が記憶するために，複

数の依存症を引きおこすという仮説もあります。

アルコールは，いつでも手に入る

アメリカでは，複数の依存症を発症している人は，約2000万人いると推定されています。**とくに多いのは物質依存症で，違法薬物とアルコールの依存症を併発しているケースです。**

違法薬物が手に入りづらいのに対して，アルコールはいつでも手に入ります。違法薬物のかわりにアルコールを摂取していると，やがてアルコール依存症にもなってしまうのです。

他の物質で代用すると，その物質の依存症になってしまうマレー。

5 重なる依存症

ギャンブル，薬物，アルコールの依存症を併発している人をえがきました。依存症を併発したり，次々と発症したりする原因は，その人の心の問題が大きいとされています。

777
BEER
酎

6 生きづらさが，依存症の原因になる

苦痛を緩和するために，依存している

人は，なぜ依存症になるのでしょうか。依存症の臨床で支持を集めているのが，「自己治療仮説」です。自己治療仮説とは，苦痛の緩和のために，依存症が引きおこされるという仮説です。

昔から依存症は，依存性のある物質や行為がもたらす快感や高揚感が動機となって，引きおこされると考えられてきました。しかし依存症の人をよく観察すると，その人が感じているほかの苦痛を緩和するために，何かに依存していることがわかりました。摂食障害や自傷行為といった自分を破壊する行為も，ほかの苦痛の緩和のために，利用されることがあるのです。

6 生きづらさを抱える人

生きづらさを抱える人をえがきました。ひとりひとりが抱える生きづらさが，依存症の原因になると考えられています。

生きづらさを緩和したくて，
何かに依存してしまうのだ。

「生きづらさ」に光を当てることが重要

自己治療仮説が正しいとすると，依存症は治療によって一時的に治ったとしても，普段の生活で苦痛を感じると，再発してしまう可能性があるということになります。

そのため，ひとりひとりが抱える「生きづらさ」に光を当てることが，依存症からの回復にとって重要だと考えられています。

自己治療仮説は1974年に提唱されたものだけど，今も臨床的に重要な意味をもつ仮説として支持されているそうよ。

memo

精神疾患治療の父，ラッシュ

アメリカのペンシルバニア州で生まれた精神疾患治療の父、ベンジャミン・ラッシュ（1745〜1813）

精神疾患治療の先駆者として生まれた土地に精神病院を建てる

精神の病気の治療には園芸や簡単な仕事も取り入れた

木の伐採や穴掘り、洗濯やアイロンがけなどが有効だと考えていた

ラッシュは依存症の概念も提唱

当時、酔っ払いは個人の選択の結果であり罪深いこととされていた

しかしラッシュは自制心を失わせるのはアルコール依存によるものだと説明

NO!!

医学的な病気として依存症をとらえ断酒こそが唯一の治療法だと説いた

病気の治療法あれこれ

医学界で活躍したラッシュ

その病気の治療法は悪い血を抜くというしゃ血が中心だった

精神の病気に対しても

患者を板に固定して高速で回転させ頭にすべての血を上らせる治療法などを行った

1803年、アメリカ西海岸への探検隊が組織されたときには

しゃ血の効果を教え医療キットもあたえた

食あたりした隊員は腸の消毒を行う下剤「雷の拍手」を使った

下剤に含まれていた塩化水銀はのちに探検隊の通った道を探すのに役立った

第1章

物質依存症

物質依存症は，お酒や薬物などの依存性のある物質の摂取を，やめたくてもやめられない病気です。第1章では，物質依存症について，くわしくみていきましょう。

1 お酒や薬をやめられない「物質依存症」

物質依存症を引きおこす，10種類の物質

物質依存症は，依存性のある物質の摂取を，やめたくてもやめられない病気です。

アメリカ精神医学会が2013年に出版した「DSM-5（精神疾患の診断と統計マニュアル第5版）」には，物質依存症を引きおこす物質として，「アルコール」「カフェイン」「大麻」「幻覚薬」「オピオイド」「鎮静薬」「睡眠薬」「吸入剤」「抗不安薬・睡眠薬」「精神刺激薬」の，10種類が掲載されています。

1 物質依存症を引きおこす物質

物質依存症を引きおこす，アルコール，カフェイン，大麻，薬物のイメージをえがきました。こうした物質の摂取をがまんできず，健康や社会生活に障害が発生していれば，物質依存症と診断されます。

依存症を引きおこす物質は，身近に存在するマレー。

生活上のさまざまな問題が発生する

物質依存症は，DSM-5では「物質使用障害」と表記されています。その理由は，依存性のある物質を摂取しつづけることで生じる健康上の障害だけでなく，失職や離婚などの社会生活上の障害にも焦点を当てているからです。

健康や社会生活にさまざまな障害が発生しているにもかかわらず，依存性のある物質の摂取をやめられない状態が，物質依存症なのです。

物質を使いつづけているとおこるのが，使用量の問題なのだ。アルコールの場合，最初はビールをコップで一杯程度の晩酌を楽しんでいたのに，次第にお酒の量がふえるため，飲酒量を自分で調節できなくなるのだ。
　また，一度，お酒を飲みはじめると，朝まで飲みつづけてしまうなど，使用時間の問題も出てくるのだ。

2 薬物は主に，脳の快楽の神経回路にはたらく

強制的に，快楽が生みだされる

依存症には，快楽を生みだす，脳の「報酬系」とよばれる神経回路が深く関係しています。

報酬系は，神経細胞が「ドーパミン」という神経伝達物質を使って信号を伝えることで，快楽を生みだします。物質依存症を引きおこす物質を摂取すると，この報酬系に強制的に信号が伝わり，快楽が生みだされます。すると，脳が依存性のある物質と快楽を結びつける学習をし，依存性のある物質をくりかえし摂取するようになってしまうのです。

報酬系のどの神経細胞にはたらくか

物質依存症を引きおこす物質は主に，コカインやニコチンなどの「中枢神経興奮薬（通称：アッパー系ドラッグ）」と，アルコールやヘロインなどの「中枢神経抑制薬（通称：ダウナー系ドラッグ）」に分けられます。

両者は，報酬系のどの神経細胞に作用するのかという点がことなります。中枢神経興奮薬は，ドーパミンを放出する神経細胞に作用して，ドーパミンがドーパミン受容体に結合する量をふやします。一方，中枢神経抑制薬は，ドーパミンの放出をおさえている別の神経細胞のはたらきをおさえて，ドーパミンの放出量を間接的にふやします。

注：中枢神経とは，脳と脊髄のことです。

memo

2 薬物とドーパミンの関係

脳の報酬系で，コカイン，ニコチン，アルコール，ヘロインが，ドーパミンのはたらきを強めるしくみをえがきました（A～C）。

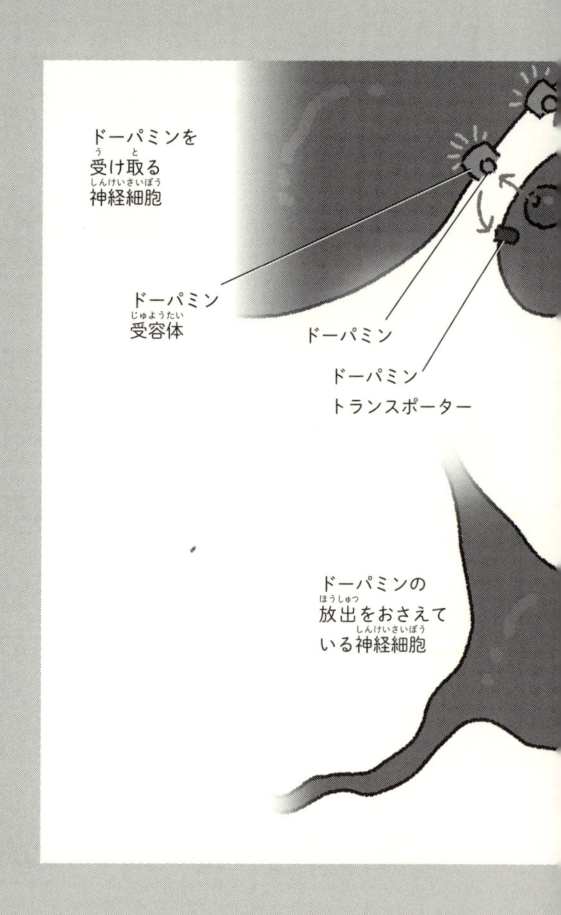

ドーパミンを受け取る神経細胞
ドーパミン受容体
ドーパミン
ドーパミントランスポーター
ドーパミンの放出をおさえている神経細胞

A：コカインは，ドーパミントランスポーターがドーパミンを回収するのをさまたげます。

B：ニコチンは，ニコチン受容体にくっついて，ドーパミンの放出をうながします。

C：アルコールやヘロインは，ドーパミンの放出をGABAでおさえている神経細胞のはたらきをおさえて，ドーパミンの放出量を間接的にふやします。

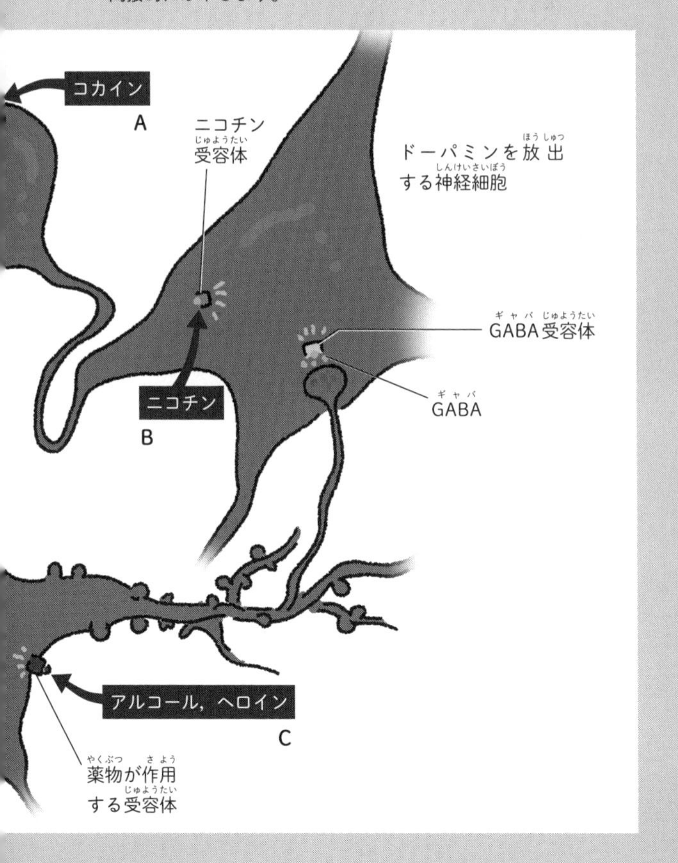
コカイン
A
ニコチン
受容体
ドーパミンを放出
する神経細胞
GABA受容体
GABA
ニコチン
B
アルコール，ヘロイン
C
薬物が作用
する受容体

3 前と同じ快感を得るには、より多くの薬物が必要

摂取できないと、バランスがくずれてしまう

　中枢神経の神経回路は、外部からの影響をならして、本来のはたらきを維持しようとする性質があります。そのため、中枢神経興奮薬や中枢神経抑制薬を摂取しつづけている人が、以前と同じ効果を得ようとした場合、より多くの薬物が必要になります。これが、「耐性」という状態です。

　中枢神経が薬物に強い耐性をもつようになると、逆に薬物を摂取できないときに、中枢神経のバランスは大きくくずれてしまいます。そしてその人の行動に、病的な症状があらわれます。このような状態を、**「離脱」**といいます。

3 薬物の離脱症状

薬物の離脱症状をえがきました。中枢神経興奮薬の離脱症状は，眠くなったり無気力な状態がつづいたりするものです（上のイラスト）。中枢神経抑制薬の離脱症状は，怒りっぽくなったり手がふるえたりするものです（下のイラスト）。

耐性と離脱がつくられて，体質が変化

ニコチンなどの中枢神経興奮薬に強い耐性をもつ人は，薬物を摂取できないと脳の報酬系が一種の虚脱や疲弊の状態になり，眠くなったり無気力な状態がつづいたりする離脱症状があらわれます。一方，アルコールなどの中枢神経抑制薬に強い耐性をもつ人は，薬物を摂取できないと脳の報酬系が興奮状態になり，怒りっぽくなったり手がふるえたりする離脱症状があらわれます。

耐性と離脱がつくられて，体質に変化がでてくることを，「身体依存」といいます。

薬物の種類によっては，離脱などの身体依存の症状がよくわからないものもあるため，離脱症状があるからといって，ただちに依存症であるとはいえないこともあるのだ。

4 生活が，薬物中心の生活に変わってしまう

薬物をさがしまわる，危険な場所に買いに行く

　薬物の使用が習慣になると，次第に，いまの量ではもの足りない，その薬物なしではいられないという状態になります。このように，薬物に対する欲求や渇望が出てくることを，「精神依存」といいます。

　精神依存になると，薬物をさがしまわる，危険な場所に薬物を買いに行くなど，日常生活の行動に変化がみられるようになります。また，薬物をやめようと思っても，しばらくすると薬物が欲しくなるということも，精神依存の特徴です。そして，自分のなかでさまざまな理由をつけて，薬物の摂取をつづけてしまいます。

薬物のための恋人，友人，仕事を選ぶ

精神依存は，当事者があまり意識していない状態でおきることがあり，気がついたら自分の生活が薬物中心に変わっていたということも少なくありません。その変化は，自分にとっての大事なもののランキングにあらわれます。そして，薬物を使いつづけるためのライフスタイルに合った，恋人や友人を求めます。

また，仕事の選び方にも変化があらわれます。薬物を手に入れるためのお金を効率的にかせげる仕事を，選ぶようになります。

精神依存になると，「自分にとっての大事なもののランキング」で，これまで自分にとって大切だった家族や恋人，友人，仕事，財産や健康，そして夢などよりも，薬物が上位に位置づけられるマレー。

4 薬物に対する精神依存

薬物に対する精神依存の人をえがきました。精神依存になると，薬物をさがしまわる，危険な場所に薬物を買いに行くなど，日常生活の行動に変化がみられるようになります。

薬物に支配されているみたいで，
おそろしいわね。

— 薬物依存症 —

5 依存症をおこす薬物は，三つに分けられる

中枢神経興奮薬は，覚醒度を高める作用

薬物依存症は，中枢神経に作用する薬によって，日常生活に困難が訪れていても，その薬を使いつづけてしまう病気のことです。

薬物は脳にあたえる作用のちがいから，「中枢神経興奮薬」「中枢神経抑制薬」「幻覚薬（俗称：サイケデリック系ドラッグ）」の3種類に分けられます。

中枢神経興奮薬は，中枢神経のはたらきを活性化させて，覚醒度を高める作用があります。違法薬物の覚醒剤（アンフェタミン，メタンフェタミン）やコカインが代表的です。また，ニコチンやカフェイン，医薬品のエフェドリンやメチルフェニデートも含まれます。

5 3種類の薬物

薬物依存症を引きおこす，3種類の薬物をえがきました（A～C）。

A. 中枢神経興奮薬
（アッパー系ドラッグ）

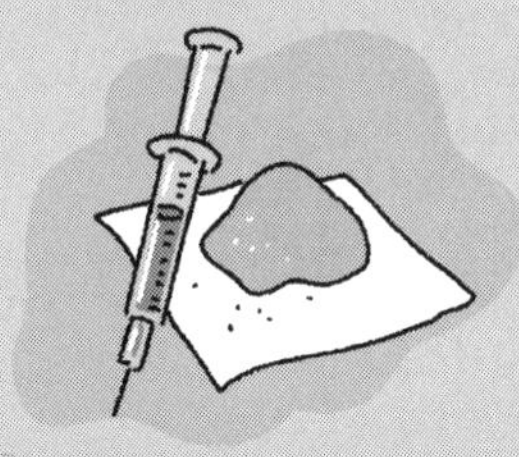

覚醒剤，コカイン，ニコチン，カフェイン，エフェドリン，メチルフェニデートなど

B. 中枢神経抑制薬
（ダウナー系ドラッグ）

モルヒネ，ヘロイン，大麻，アルコール，睡眠薬，抗不安薬など

C. 幻覚薬
（サイケデリック系ドラッグ）

LSD，MDMA，5-Meo-DIPT，マジックマッシュルーム，危険ドラッグなど

幻覚薬は，知覚を変化させる

　中枢神経抑制薬は，中枢神経のはたらきを抑制して，覚醒度を低下させる作用があります。モルヒネやヘロイン，大麻，アルコール，睡眠薬，抗不安薬などが含まれます。

　幻覚薬は，五感に影響して知覚を変化させるなど，中枢神経に質的な影響をおよぼす薬物です。音が周囲から浮き上がるように聞こえたり，触覚が敏感になったりします。LSDやMDMA，5-Meo-DIPT（通称ゴメオ），マジックマッシュルーム，危険ドラッグなどが含まれます。

大麻，ヘロイン，LSD，MDMA，5-Meo-DIPTは違法薬物なのだ。

― アルコール依存症 ―

6 酒を飲まないと，不快で強烈な症状が出る

お酒を飲みつづけることをやめられない

　アルコール依存症は，お酒を飲む量や時間を調整できずに，日常生活に支障をきたしているのにもかかわらず，お酒を飲みつづけることをやめられない病気です。お酒に含まれる，アルコールによって引きおこされます。

　アルコールは中枢神経抑制薬であり，アルコール依存症は薬物依存症の一種です。アルコールは脳の報酬系で，ドーパミンの放出をおさえている神経細胞のはたらきをおさえます。そしてドーパミンの放出量を間接的にふやして，快楽を生みだします。

離脱症状に直面し，アルコールに助けを求める

アルコール依存症には，離脱症状が大きくかかわっていると考えられています。長時間で大量にアルコールを飲むと，4～12時間後に体内のアルコールの量が減り，離脱症状の兆候があらわれはじめます。

アルコールの離脱症状は，不快で強烈なものであることが少なくありません。イライラしたり，怒りっぽくなったり，眠れなくなったりします。アルコール依存症の人は，このような離脱症状に直面すると，ふたたびアルコールに助けを求めてしまうのです。

アルコール依存症は，からだにも大きな影響をあたえるマレー。肝臓を痛め，肝炎や肝硬変，膵炎，消化器系のがん，糖尿病を悪化させるなど，その影響はさまざまなところにおよぶマレー。

6 アルコール依存症患者の数

アルコール依存症患者の数を，グラフにしました。患者数は，増減をくりかえしながら，少しずつふえています。

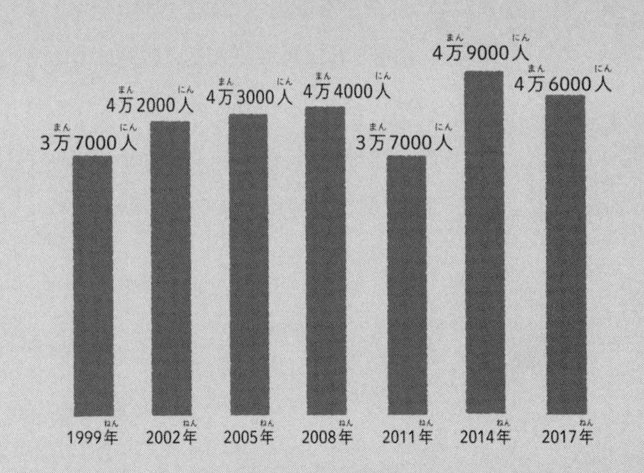
3万7000人
4万2000人
4万3000人
4万4000人
3万7000人
4万9000人
4万6000人
1999年
2002年
2005年
2008年
2011年
2014年
2017年

（出典：厚生労働省「平成29年（2017）患者調査」）

博士！教えて!!

お酒って何ですか？

博士，お酒って何ですか？

お酒は，アルコールが入っている飲み物のことじゃよ。

へぇ〜。なんで，人はお酒を飲むんですか？

ふむ。人がお酒を飲みはじめたのは，紀元前1万年以上前ともいわれておる。お酒はもともとどこの地域でも，宗教の儀式などで使われる，神聖な飲み物じゃったようじゃ。それがいつしか，日常の楽しみのための飲み物として広まったようじゃの。

そうなんだ。ぼくのお父さんは，お酒を飲むとすぐに酔っぱらって寝ちゃうんです。

多くの日本人は，アルコールを無害な物質に分解する酵素が遺伝的に少なく，お酒に弱い体質をしておる。じゃから，飲みすぎには注意しないといけないんじゃ

へえ～。

— ニコチン依存症 —

7 タバコを吸わないと，神経伝達物質が出ない

ドーパミンが大量に放出される

ニコチン依存症は，タバコが健康の障害になっているとわかっていても，タバコをやめられない病気です。タバコを吸った際に肺から取りこまれる，ニコチンによって引きおこされます。

ニコチンは中枢神経興奮薬であり，ニコチン依存症は薬物依存症の一種です。ニコチンは脳の報酬系で，神経細胞のニコチン受容体に結合し，ドーパミンを大量に放出させて，快楽を生みだします。

7 喫煙している人の割合

習慣的に喫煙している人の割合を，グラフにしました。習慣的に喫煙している人の割合は，少しずつ減っています。

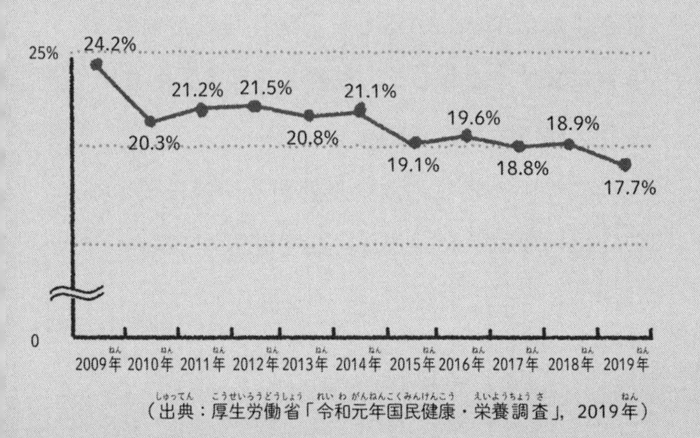
25%
0
24.2%
20.3%
21.2%
21.5%
20.8%
21.1%
19.1%
19.6%
18.8%
18.9%
17.7%
2009年 2010年 2011年 2012年 2013年 2014年 2015年 2016年 2017年 2018年 2019年

（出典：厚生労働省「令和元年国民健康・栄養調査」，2019年）

神経伝達物質を分泌する能力が低下する

ニコチンは，ドーパミン以外の神経伝達物質の分泌にも，影響をあたえます。覚醒や認知の向上，気分の調整，食欲の抑制などにかかわる神経伝達物質です。

毎日のようにタバコを吸っていると，これらの神経伝達物質の分泌がニコチンの量によって左右され，自分で分泌する能力が低下します。そのため禁煙やタバコを吸えない状況がつづくと，さまざまな離脱症状があらわれます。そして喫煙をふたたびはじめると，不快な離脱症状が解消されます。こうして，タバコを吸う人たちは，依存状態になるのです。

ニコチン依存症の人は，肺がんや慢性閉塞性肺疾患（COPD）にかかる可能性が高いです。

— カフェイン依存症 —

8 カフェインをとらないと，集中できない

眠りを誘う受容体のはたらきをおさえる

カフェイン依存症は，コーヒーやエナジードリンクなどを，やめられない病気です。コーヒーやお茶，エナジードリンク，鎮痛剤やかぜ薬などに含まれる，カフェインによって引きおこされます。

カフェインは中枢神経興奮薬であり，カフェイン依存症は薬物依存症の一種です。カフェインは，脳にある眠りを誘う受容体といわれる「アデノシン受容体」に結合して，そのはたらきをおさえる作用があります。また，血管を収縮させて，頭痛を軽くする作用があります。

何気ない習慣が，依存症につながる可能性

カフェインを日常的に摂取している人は，カフェインの作用が切れると，集中力の低下や疲労感，頭痛などの離脱症状があらわれることがあります。そしてそうした離脱症状をさけるために，さらにカフェインを摂取してしまいます。

カフェインは，身近な飲み物に含まれており，そうした飲み物をコーヒーブレイクなどで飲むこともよくあります。毎日の何気ない習慣が，依存症につながってしまう可能性があるのです。

市販のエナジードリンクや眠気覚まし用の清涼飲料水の成分表示の多くは，100ミリリットル当たりの濃度で書かれていて，缶やびん1本当たりにすると，コーヒー約2杯分に相当するカフェインを含んでいるものもあるそうよ。エナジードリンクを1日に何本も飲まないように注意しよう。

8 カフェイン中毒

エナジードリンクからはじまったカフェインのとりすぎで，最終的に死にいたるまでの過程をえがきました。カフェインの許容量が少ない子供は，とくに注意が必要です。

1. 飲みはじめのころ

エナジードリンクを1本飲むと，心拍数が上昇し，眠気がやわらぐ効果を実感します。

2. だんだん効き目が弱くなる

慢性的な摂取によって，カフェインに耐性がつき，エナジードリンクの本数をふやすことで眠気をおさえようとします。

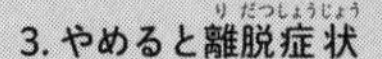

3. やめると離脱症状

カフェインの摂取をやめると，離脱症状がおき，頭痛や眠気，集中力の減退や疲労感，吐気などに苦しみます。

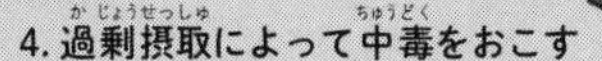

4. 過剰摂取によって中毒をおこす

よりカフェインの多いカフェイン錠剤の摂取へと移行します。カフェインの過剰摂取により 重度の中毒症状がおき，最悪の場合，死にいたります。

9 うつ病や不安障害の治療薬で，依存症になることも

不安や緊張をやわらげ，睡眠をさそう薬

抗不安薬依存症は，ベンゾジアゼピン系の抗不安薬（精神安定剤）や睡眠薬の不適切な使用をやめられない病気です。

ベンゾジアゼピン系の抗不安薬とは，「ベンゾジアゼピン」という化合物や，ベンゾジアゼピンに似た化合物でできた抗不安薬のことです。抗不安薬は，不安や緊張をやわらげ，睡眠をさそう薬で，うつ病や不安障害などの患者に処方されます。ベンゾジアゼピンは中枢神経抑制薬であり，抗不安薬依存症は薬物依存症の一種です。

9 抗不安薬を使う人の割合

抗不安薬を習慣的に使う人の割合を，グラフにしました。抗不安薬を習慣的に使う人の割合は，少しずつふえています。

おくすり

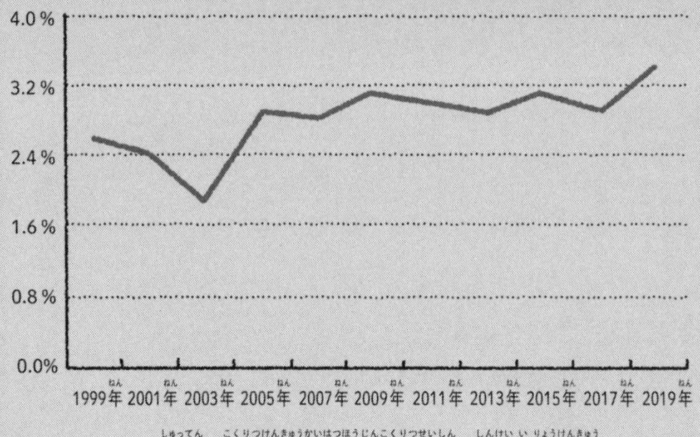
4.0%
3.2%
2.4%
1.6%
0.8%
0.0%
1999年
2001年
2003年
2005年
2007年
2009年
2011年
2013年
2015年
2017年
2019年

（出典：国立研究開発法人国立精神・神経医療研究センター）

抗不安薬依存症は，渇望状態におちいりやすい

　ベンゾジアゼピン系の抗不安薬は，脳の報酬系で，ドーパミンの放出をおさえている神経細胞のはたらきをおさえます。薬の使用目的や，用法用量を守らないと，ドーパミンの放出量がふえすぎて，快楽が生みだされます。

　薬を大量かつ長期的に使用している人は，薬の効き目がきれると，怒りっぽくなるなどの離脱症状が出ます。そしてそうした離脱症状をさけるために，さらに薬を摂取してしまいます。

　抗不安薬依存症は，渇望状態におちいりやすいという特徴があります。薬を使用しているときでも，使用を中断しているときでも，薬を摂取したくてたまらなくなってしまうのです。

注：鎮痛剤などにも，ベンゾジアゼピン系の化合物でできたものがあり，同じように依存症になるおそれがあります。

memo

妊婦はコーヒーに注意！

朝，朝食といっしょにコーヒーを飲むという人も，多いのではないでしょうか。しかしカフェインを過剰にとると，めまいや心拍数の増加，不安，ふるえ，不眠症，下痢，吐き気などの症状があらわれます。**とくに妊婦や授乳中の女性は，胎児や乳児に影響がおよぶ可能性があることから，カフェインのとりすぎには注意が必要です。**

WHO（世界保健機関）は2001年に，妊婦はコーヒーを1日3～4杯までにおさえるようにと発表しました。2008年にはイギリスの食品基準庁が，妊娠した女性に対して，カフェインの摂取量を1日200ミリグラムまでに制限するよう求めています。そして2010年にはカナダの保健省が，妊婦や授乳中の女性，妊娠予定の女性に対して，カフェインの摂取量を1日300ミリグラムまでにするよう注意しました。

カフェインはコーヒー以外にも，紅茶やお茶，エナジードリンク，鎮痛剤，かぜ薬などに含まれます。知らないうちにカフェインをとりすぎないように，気をつけましょう。

第2章

行為依存症

行為依存症は，ギャンブルや買い物などの依存性のある行為を，やめたくてもやめられない病気です。第2章では，行為依存症について，くわしくみていきましょう。

1 ギャンブルや買い物をやめられない「行為依存症」

苦痛や不安をさけられる行為であれば

　行為依存症は，依存性のある行為を，やめたくてもやめられない病気です。ギャンブルやゲーム，窃盗，セックス，買い物，食事，自傷行為などのさまざまな行為が，行為依存の対象になります。

　イントロダクションで紹介した「自己治療仮説」で考えると，苦痛や不安をさけられる行為であればどんな行為であっても，行為依存の対象になりうると考えられます。

1 行為依存症の例

行為依存症の例をえがきました。ギャンブル依存症（A），ゲーム依存症（B），窃盗依存症（C），買い物依存症（D）です。

A. ギャンブル依存症

B. ゲーム依存症

C. 窃盗依存症

D. 買い物依存症

生育環境や心理的な要因が，影響をあたえる

ある人は，仕事の人間関係で悩みを抱えていました。たまたま帰り道にあったパチンコ店に入ったところ，ビギナーズラックで勝ち，それがきっかけでギャンブル依存症になってしまいました。またある人は，子育てから解放され，金銭的にも精神的にも余裕ができていました。たまたま寄った高級ブティックで買い物をしたところ，優越感を感じることができて，それがきっかけで買い物依存症になってしまいました。

このように，人がある行為に依存してしまうのは，その人の生育環境やライフスタイル，ストレスなどの心理的な要因が，大きな影響をあたえるといえるかもしれません。

― ギャンブル依存症 ―

2 ギャンブル以外のことが，楽しめなくなる

1年間に70万人が，ギャンブル依存症の疑い

ギャンブル依存症は，ギャンブルをやめたくてもやめられない病気です。厚生労働省の2017年の調査では，過去1年間にギャンブル依存症と疑われる状態になった人は国内で70万人，生涯に一度でもその疑いがあった人は320万人にのぼると推計されました。

ギャンブル依存症の人は，ギャンブル要素のとぼしいゲームを，楽しめなくなる傾向があるといいます。ギャンブルに過剰に反応する一方で，それ以外のことがあまり楽しめなくなってしまうのです。そのため，よりいっそうギャンブルにはまってしまいます。

賭けるという行為自体に，快楽を感じる

ギャンブル依存症の人は，ギャンブルで大当たりした瞬間に快楽を感じるのではなく，ギャンブルをはじめてから結果が出るまでの「待ち時間」に快楽を感じているといいます。**つまり，当たるかどうかは関係なく，賭けるという行為自体に快楽を感じているのです。**

賭けつづけることによって，肉体に大きな影響があるわけではありません。しかし脳が変化すると，ギャンブルの広告を見ただけでもギャンブルをしたくなってしまいます。その結果，負けがかさむと，借金や横領，育児放棄などに発展してしまうこともあるのです。

2 ギャンブル依存症の患者

ギャンブル依存症の疑いのある人のうち，ギャンブル依存症の患者の数を円グラフにあらわしました。ギャンブル依存症と認定された患者は，疑いのある人の約0.5％しかいません。病気としての認知度が低いのが特徴です。

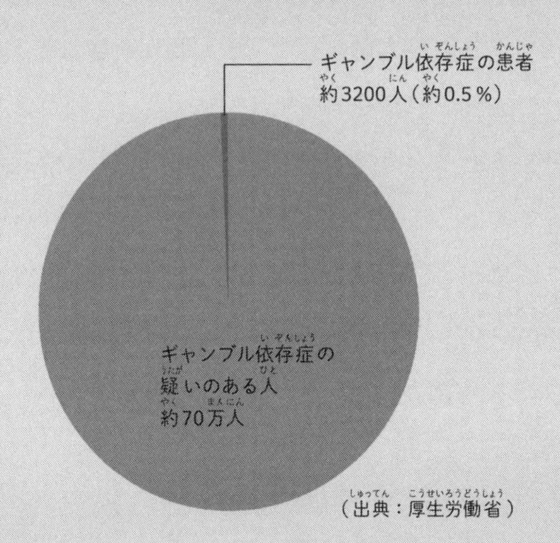
ギャンブル依存症の患者
約3200人（約0.5％）
ギャンブル依存症の
疑いのある人
約70万人

（出典：厚生労働省）

— スマホ依存症 —

3 取り残される恐怖から，SNSをやめられない

数分前にSNSをチェックしたばかりなのに

スマホ依存症は，スマートフォンの使用をやめたくてもやめられない病気です※。

スマホ依存症には「FOMO（Fear Of Missing Out）」という心理が関係しているという指摘があります。日本語に訳すと，「取り残される恐怖」です。これは主にSNSにおいて，自分がスマホをチェックしていない間に何か面白い情報が出てきて，話題に取り残されるのではないかと不安に襲われる心理のことです。数分前にSNSをチェックしたばかりなのに，FOMOによって，ついスマホに手がのびてしまうのです。

※：スマホ依存症は，医学的な診断名ではありません。

頭の中が，スマホにとらわれてしまう

SNSでたくさんの「いいね」がついたり，ゲームで強い敵を倒せたりすると，そのときの楽しさをもう一度味わいたいと思い，頭の中がスマホにとらわれてしまいます。どうすればもう一度できるかをつねに考え，たとえば授業中にこっそり机の下でスマホを使おうか，スマホを持ってトイレに行こうかなどと考えてしまいます。そして最初は30分でも十分に楽しかったのに，それでは飽き足らなくなり，5時間でも6時間でもスマホを使いつづけてしまうのです。

未成年者は，基本的にお酒を飲んだり，たばこを吸ったりすることはないため，それらの依存になる可能性は高くない。一方，スマホは広く普及しており，使用に厳密な年齢制限があるわけでもないため，多くの未成年者がスマホ依存になっているというのだ。

3 高校生のネット依存調査

2014年に東京都立高校の生徒に対して行われた，
スマホの使用状況に関する調査の結果です。

（出典：総務省「高校生のスマートフォン・アプリ利用と
ネット依存傾向に関する調査」，2014）

A. ネット依存傾向

男女別にネット依存傾向を3段階で示したものです。

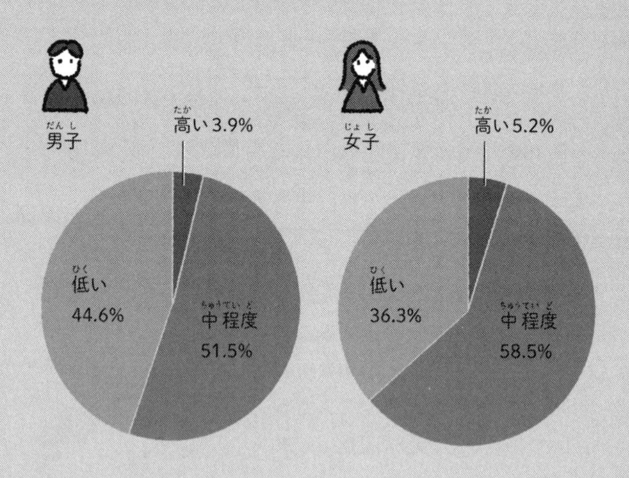
男子
高い3.9%
低い
44.6%
中程度
51.5%
女子
高い5.2%
低い
36.3%
中程度
58.5%

男子高校生の3.9%，女子高校生の5.2%がネット依存の傾向が高いという結果は，１クラス40人（男女20人ずつ）とすれば，ネット依存の可能性が高い生徒が，男女それぞれ１人前後いる計算になるそうよ。

B. 日常生活への影響

スマホ利用の日常生活への影響をたずねた質問の結果を示したものです。

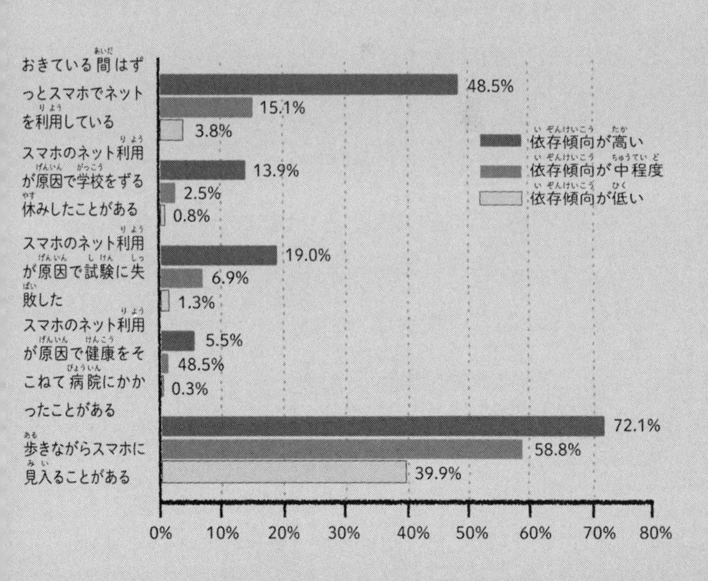
おきている間はずっとスマホでネットを利用している
48.5%
15.1%
3.8%
スマホのネット利用が原因で学校をずる休みしたことがある
13.9%
2.5%
0.8%
スマホのネット利用が原因で試験に失敗した
19.0%
6.9%
1.3%
スマホのネット利用が原因で健康をそこねて病院にかかったことがある
5.5%
48.5%
0.3%
歩きながらスマホに見入ることがある
72.1%
58.8%
39.9%
依存傾向が高い
依存傾向が中程度
依存傾向が低い
0%
10%
20%
30%
40%
50%
60%
70%
80%

— スマホ依存症 —

4 授業中や仕事中にも，ゲームの快感を求める

仕事を失っても，ゲームをつづけた

スマホ依存のなかでも，オンラインゲームに依存してしまう病気を，「ゲーム障害」といいます。WHO（世界保健機関）が2018年に公表した「ICD-11（国際疾病分類第11版）」に，新しい病気として追加されました。

2019年に厚生労働省が行ったゲーム障害の実態調査によると，10～20代のゲーム利用者のうちの7％に，授業中や仕事中にもゲームをつづけるなどの依存症状がみられました。また5.7％の人は，学業に悪影響が出たり，仕事に支障が出たり，仕事を失ったりしても，ゲームをつづけたと答えました。

4 ゲーム障害

授業中に机の下でこっそりスマホを操作し，ゲームをする生徒をえがきました。ゲーム障害になると，学業などの社会生活に悪影響が出ても，ゲームを最優先してしまいます。

ゲームは楽しいけれど，ゲームよりも大事なことが，たくさんあるマレー。

脳の報酬系が生みだす，快楽が関係

　ゲーム障害は，金銭問題にも影響をあたえます。厚生労働省の調査では，3.1％の人が，ゲーム機やソフトの購入，課金などでお金を使いすぎ，重大な問題になってもゲームをつづけたと答えました。

　ゲーム障害は，アルコール依存症やギャンブル依存症と同じように，脳の報酬系が生みだす快楽が関係しています。一方で，快楽だけが原因でないことも，次第にわかりつつあります。

ゲーム障害の診断基準は，①ゲームの時間や頻度を自ら制御できない。②ゲームを最優先する。③問題がおきているのにつづけるなどの状態が12か月以上つづき，社会生活に重大な支障が出る，なのだ。

memo

仕事依存症

「仕事依存症（仕事中毒）」という言葉を，聞いたことがあるという人も多いのではないでしょうか。**仕事依存症とは，私生活を犠牲にしてまで，仕事に打ちこんでしまう状態のことをいいます。**

仕事依存症の人は，自分の健康や家庭をなおざりにし，残業や休日出勤を行ったり，仕事を家に持ち帰ったりします。また，仕事だけが生きがいと感じ，仕事以外のことに楽しみを見いだせなくなります。その結果，家族とのつながりが希薄になり，パートナーと別れなければならなくなったり，子供が精神的に不安定になってしまったりします。

日本では古くから，自らを犠牲にして組織に貢献することが，美徳と考えられてきました。しかし仕事は本来，自分の生活の糧を得るための手段です。会社や仕事のために私生活を犠牲にしてしまっては，本末転倒です。**私生活とのバランスをとりながら，仕事に取り組むことが大切なのです。**

SUNDAY
5

― クレプトマニア ―

5 盗みの緊張感や達成感が，忘れられない

盗むことそのものが，目的になっている

クレプトマニアは，「病的窃盗」や「窃盗症」といわれる精神疾患の一つで，盗むという行為をやめられない病気です。利益獲得のための窃盗をする一般的な窃盗犯とはことなり，クレプトマニアの人は，盗むことそのものが目的になっています。

クレプトマニアは，非常に再犯率が高い病気です。クレプトマニアの人は，スリルや緊張感を味わおうとして，窃盗をくりかえしてしまいます。窃盗の手口も次第に大胆になり，より高額で大量のものを盗むことにとりつかれます。窃盗に成功すると，安堵感や解放感，優越感やちょっとお得な感覚になり，窃盗行為をやめられなくな

5 クレプトマニア

クレプトマニアの女性が，スーパーで万引きをするようすをえがきました。クレプトマニアの人は，男性よりも女性が多いといわれています。

クレプトマニアの人が物を盗んでしまうのは，物がほしいからではないマレー。

!

ります。

家庭問題がきっかけになることが多い

クレプトマニアの人は，男性よりも女性が多いといわれています。女性は，買い物の機会が多く，窃盗する機会も多いからです。

クレプトマニアの人は，精神的な虐待や肉体的な虐待のある家庭で育っていることが特徴です。クレプトマニアの発症には，ドメスティックバイオレンス（家庭内暴力）の被害や嫁姑問題などの，家庭問題がきっかけになることが多いとされています。

（参考資料：赤城高原ホスピタル「窃盗症に関するFAQ，専門家向け研修用資料」）

— セックス依存症 —

6 リスクがあるのに，性行動を制御できない

不倫や売春，買春などがやめられない

セックス依存症は，性犯罪などの社会的リスクをおかす可能性があったり，性感染症になる身体的なリスクをおかす可能性があっても，不倫や売春，買春などの性行為がやめられない病気です※。

一般的に，セックス依存症の人は，性欲が強い人と考えられています。しかし他の依存症と同じように，心理的な苦痛から逃れるために依存行為に没頭してコントロールを失うとともに，自分を傷つける行為としての側面もあります。

※：セックス依存症は，「ICD-10（国際疾病分類第10版）」の，「性嗜好障害」にあたります。

苦痛から解放されるものとして依存

セックス依存症の人は，ほとんどが子供時代に性的虐待や身体的虐待，育児放棄などの虐待を受けていると分析されています。養育者である大人をたよれない孤立状態のなかで，苦痛から解放されるものとして自慰などの性行為を発見し，依存してしまうのです。

一般的に家庭では，性の問題はふれてはいけないもの，性に関する話題は悪いものとされています。セックス依存症の人は，自分は邪悪で価値のない人間だと考えている人が多いため，悪いものと教えられた性行為などに，より依存しやすくなると分析されています。

6 セックス依存症

不倫をやめられない男女をえがきました。セックス依存症の人は，リスクがあっても，性行為をやめられません。

7 購入前の不安感や購入後の安堵感に，夢中になる

買い物をやめると，仕事に集中できない

買い物依存症は，購買行動を制御できない病気です※。アメリカでは「強迫性購買障害」と名づけられ，古くから知られていました。

買い物依存症の人は，購入前の緊張感や不安感，購入後の安堵感をくりかえして，買い物をする行為自体に夢中になってしまいます。ある買い物依存症の人は，クローゼットに収納できないほど洋服をもち，買い物による借金が数百万円をこえていたのに，買い物で頭がいっぱいでした。買い物をやめると仕事に集中できず，家事もおろそかになるため，また買い物をするという悪循環でした。

※：買い物依存症は，医学的な診断名ではありません。

7 買い物依存症

買い物依存症の女性をえがきました。お店やネットショップで買った物に囲まれながら，さらにスマホで買い物をしています。

私も買い物依存症にならないように，
注意しなきゃいけないわ。

感情の制御が苦手で，ストレス耐性が低い

買い物依存症は，不快な気分を解消したいという気持ちが，最初のきっかけになることが多いようです。**買い物依存症の人は，自分の感情の制御をするのが苦手な人が多く，ストレスなどに対する耐性が低いということがわかっています。**また，不安障害や，抗不安薬などの薬物依存症，摂食障害などを併発している人が少なくないといわれています。

買い物依存症になる人は，これまで女性の割合が多いといわれていたけど，男性も女性もほぼ同じ割合だとする論文もあるマレー。平均的な発症年齢は，買い物に自由にお金が使えるようになる30歳前後とする研究もあるマレー。

— 摂食障害 —

8 食べるのを拒否する，際限なく食べ過ぎる

「拒食症」と「過食症」に分けられる

摂食障害は，食事に関連した異常な行動がつづき，心と体の両方に影響がおよぶ病気のことです。必要な量の食事をとらない「拒食症（神経性無食欲症）」と，制御できずに食べ過ぎてしまう「過食症（神経性大食症）」の二つに分けられます。さらにそれぞれに，食物を摂取したあと嘔吐や下剤，利尿剤などを大量に服用する「排出型」と，そうでない「非排出型」があります。

自尊心が低くなる一方で，病気とは考えない

　摂食障害になると，体重がふえることへの強い恐怖を感じたり，食べ物のことが頭からはなれなくなったりします。自尊心が低くなる一方で，まわりの人が心配しても自分が病気とは考えず，しだいに周囲や社会から孤立していくこともあります。

　摂食障害を発症するのは，若い女性が多いといわれます。**しかし摂食障害は，無理なダイエットだけでなく，学校や職場での対人関係や家庭環境など，さまざまなストレスがきっかけになります。**そのため，老若男女，誰でも発症する可能性があります。

8 拒食症と過食症

拒食症の人と，過食症の人をえがきました。どちらの摂食障害も，食事について自分で制御ができないため，やがて心や体の健康を害してしまいます。

拒食症
体重がふえることへの恐怖などから，必要な量の食事をとることができません。
過食症
食べ物のことが頭からはなれず，食事をしつづけてしまいます。

— 自傷行為 —

9 体を傷つけることで，つらい感情をやわらげる

怒りや不安，絶望感をもっている

自傷行為は，自殺以外の意図で自分の体を傷つける行為のことです。たとえば，よく知られている「リストカット」は，手首を傷つける行為です。しかし，自傷行為で傷つける場所は手首に限らず，腕や太もも，お腹を傷つける人もいます。また，頭を壁にぶつける，とがったもので皮膚を突き刺す，火のついたタバコを体に押しつけるなどの行為をする人もいます。

自傷行為をする人は，怒りや不安，絶望感といったものをもっており，自傷行為を通じて，誰にもたよらずにつらい感情をやわらげて，一種の安堵感を得ているといわれています。

9 自傷行為

自傷行為をしようとする人をえがきました。自傷行為で傷つける場所は手首に限らず，腕や太もも，お腹を傷つける人もいます。

自傷行為をしてしまうのは，怒りや不安，絶望感などの，つらい感情があるからなのだ。

自傷行為は，エスカレートしやすい

自傷行為は，物質依存症と似ているところがあるといわれています。物質依存症と同じように，一時的に不快な感情をやわらげたあと，最終的に自尊心の低下や罪悪感，孤独感をもたらすためです。

また，エスカレートしやすいという特徴も似ています。自傷行為に耐性ができるしくみは明らかになっていないものの，以前と同じ効果を得るために，自傷行為の回数がふえたり，体のさまざまな場所を傷つけたりすることが少なくありません。

自傷行為をする人は，家庭において養育者からの虐待行為を受けている人も少なくないといわれているマレー。

memo

オーツのつくった新語

アメリカの神学者で精神医学者だったウェイン・オーツ（1917～1999）

「ワーカホリック（仕事中毒）」という言葉をつくった

オーツは1971年に出版した著書で

Confessions of a Workaholic

ワーカホリックという概念を提唱

ワーカホリックはアルコホリック（アルコール中毒）に似ていて

仕事をしすぎるあまり「人間のコミュニティから脱落してしまう」とオーツはのべた

やがてワーカホリックは広く人々に知られ

workaholic

オックスフォード英語辞典にも掲載された

宗教と医学のかけ橋

生涯に57冊もの著書を残したオーツは

宗教と精神医学のかけ橋になったといわれる

『マタイによる福音書』に書かれた通りに

自分の眼を引き抜こうとしてしまうような人々をオーツは助けようとした

ときには神学校で批判を受けることも

きみに聖書を書く資格はない！

オーツはそれでも委縮することはなかった

当時の神学校会長はオーツをかばってこのようにいった

「オーツ氏を批判するのではなく聖書についての自分の本を書くべきだ」

第3章

人への依存

人への依存は，否定されたり支配されたりする苦しい人間関係を，やめられない病気です。第3章では，人への依存について，くわしくみていきましょう。

1 苦しい人間関係をやめられない「人への依存」

苦痛の緩和に，人がかかわる

人への依存は，苦しい人間関係を，やめられない病気です。

イントロダクションで，依存症は苦痛の緩和のために引きおこされるという，自己治療仮説を紹介しました。依存症の人たちは，依存性のある物質を使う前や，依存性のある行為をする前から，何らかの心理的な苦痛を抱えていることが少なくありません。この苦痛の緩和に，人がかかわるのが，人への依存です。

1 人への依存

人への依存をしている人をえがきました。人への依存をしている人は，人から何度も暴力を受けているのに，その状態を受け入れてしまいます。

否定される，支配される

人は他人と，おたがいの立場や人格を尊重しながら，健康的な人間関係を築くことができます。しかし，人への依存をしている人の人間関係は，健康的とはいえません。たとえば，人から何度も暴力を受けているのに，その状態を受け入れてしまいます。

人への依存をする人がこうした人間関係を築いてしまうのは，自尊心が低かったり，自分に自信がなかったりするためだと考えられています。そのため，自分が否定される人間関係や，支配される人間関係であっても，受け入れてしまうのです。

人への依存をしている人たちは，アルコールや薬物などの物質依存や，ゲームやインターネットなどの行為依存に罹患していることが少なくないマレー。

— 共依存 —

2 自分の価値を，相手に必要とされることに求める

必死になればなるほど，巻きこまれる

共依存は，自分の価値を，相手に必要とされることに求める病気です※。

共依存は1970年代に，アメリカで生まれた言葉といわれています。アルコール依存症や薬物依存症の人を援助していた人たちが，依存症の人の家族が問題に巻きこまれているようすを見て，その状態を共依存と表現しました。家族が必死になればなるほど，依存症の人は自分の健康や社会生活に無頓着になり，依存症を悪化させました。そして家族は，さらに問題に巻きこまれてしまいました。

※：共依存は，医学的な診断名ではありません。

自分がどうしたいかではない

共依存とは，自分自身に焦点が当たっていない状態だといえます。

共依存の人は，たとえば，自分の価値を自分で決めずに周囲の状況によって評価する，自分がどうしたいかではなく周囲の期待にこたえることだけを考える，他人の問題を解決することに一生懸命になるなどしてしまいます。

依存症の人の配偶者のように，一生懸命やればやるほど，状況が悪化することがあります。そのようなときには，人間関係に共依存がかくれている可能性があります。

依存症の人を，共依存の配偶者が世話すると，依存症と共依存のどちらも悪化してしまうのだ。

2 共依存

アルコール依存症の夫を心配して世話する，共依存の妻をえがきました。共依存になると，自分の価値を，相手に必要とされることに求めてしまいます。

— 親子依存症 —

3 子の世話をやくことで，自分の存在価値を確立する

親が，子供と適切な関係をつくれない

親子依存症は，親子の間で共依存になる病気です※。たとえば，子供の自立をさまたげるぐらい，世話をやく親がいます。そのような親は，子供の世話をやくことで自分の存在価値を確立しようとする，共依存だと考えられます。これが，親子の間で共依存になる，親子依存です。

親子依存になってしまう原因は，親が子供と適切な関係をつくることができないためです。親自身が子供だったころに，精神的な虐待や身体的な虐待を受けていたり，過保護や過干渉，無関心な状態で育てられたりしていることがあります。

※：親子依存症は，医学的な診断名ではありません。

3 親子依存症

親子依存症の親をえがきました。親子依存症の親は，子供に対して，髪型から服装，持ち物，立ち居振舞いにいたるまで，細かい注文や助言をしてしまいます。子供がひとり立ちするのを，恐れていることもあります。

支配するものとして見ている

親の中には，親の問題ではないのに，仕事や健康，恋愛，結婚などについて，なんでも口を出す親がいます。すべて先まわりして，子供に何もやらせないという親もいます。

そのような親の口ぐせが，「あなたのため」「あなたにとってよかれと思っている」という決まり文句です。言葉とは裏腹に，実際には自分のためであることが少なくありません。**子供を一つの人格として見ているのではなく，支配するもの，あるいは，自分の所有物として見ていることが多いのです。**

「あなたのため」という言葉は，
子供を支配するために使われる
こともあるマレー。

memo

博士！教えて!!

過保護って何ですか？

博士，過保護って何ですか？

過保護は，子供などを必要以上に保護することじゃよ。子供が自分でできることを親がかわりにしたり，子供の体を心配してやらせなかったりするんじゃ。

えー！　すごく楽！　でもお父さんは，過保護はよくないっていってました。

うむ。親がなんでもしてしまったら，子供はいつまでたっても自分でできるようにならんじゃろ。それはつまり，子供が成長する機会を，親が奪っているということなんじゃ。

へえ～。

親がいなくても生きていけるように，子供を自立させるのが，親のいちばんの役目なんじゃよ。

そうなんだ～。がんばろっと。

— 夫婦依存症 —

4 なぐられても，相手には自分が必要と考えてしまう

相手を束縛して，支配してしまう

夫婦依存症は，夫婦の間で共依存になる病気です※。本来は親密なはずの夫婦の間に，支配したり支配されたりする人間関係が築かれてしまいます。

夫婦依存症は，それぞれの自己評価が適切でないことが原因でおきます。自己評価が高すぎる人は，相手に対して威圧的になります。そして，相手の行動をすべて把握しないと気がすまなくなり，相手を束縛して支配してしまいます。

※：夫婦依存症は，医学的な診断名ではありません。

4 夫婦依存症

夫婦依存症の夫婦をえがきました。夫は，妻に暴力をふるって支配します。そして自己評価を確認したあと，謝罪します。妻は，暴力をふるわれたにもかかわらず，自分が必要とされていると感じてしまいます。

世話をやくことで，必要な存在になろうとする

一方，自己評価が低すぎる人は，相手の沈黙や不機嫌そうな表情を見るだけで，自分が何か悪いことをしたのではないか，自分に欠陥があるのではないかと不安な気持ちになります。そして，相手の世話をやくことで相手に必要な存在になろうとし，相手に支配されてしまいます。たとえ相手に存在を否定されても，暴力をふるわれても，別れることができません。

本当に親密な人間関係をつくるには，相手を信頼し，自分を信頼することが大切です。

相手に対して世話を焼いたりするのは，相手に貸しをつくることで見返りをもとめて，それによって，相手との関係を維持しようという考え方が，根底にあるとされているそうよ。

— 恋愛依存症 —

5 貢いで貸しをつくる，わざと親密でなくなる

負い目を感じさせることで，関係を強める

恋愛依存症は，恋愛関係にある人の間で共依存になる病気です※。恋愛依存症には，大きく分けて二つのタイプがみられます。一つは，相手に尽くすタイプで，「利他的従属」といいます。相手に貢いだり尽くしたりする自己犠牲で貸しをつくり，相手に負い目を感じさせることで，関係を強めようとします。

もう一つは，見捨てられる不安や傷つけられる不安をさけるために，わざと親密でなくなるタイプです。このような「親密性回避行動」をとる人は，自分と他人との間に，心の壁をつくっていることが少なくありません。

※：恋愛依存症は，医学的な診断名ではありません。

相手は不安になり，従属関係ができあがる

親密性回避行動をとる人の中には，相手を支配下におきたいと考える人もいます。恋愛関係が深まってきたときに回避行動をとると，相手は不安になり，従属関係ができあがります。相手に利他的従属の傾向がある場合は，より強く支配されてしまいます。

こうして恋愛依存の人たちは，恋愛関係の本来の親密さとはことなる，特殊な人間関係を築いてしまうのです。

共依存の関係になってしまう人は，「自分の人生が犠牲になっている関係」「相手のやるべきことまで口を出してしまう関係」「他人の評価がいつも気になってしまう」という三つの傾向があるといわれているのだ。

5 恋愛依存症への道

恋愛に悩む人をえがきました。相手に尽くす利他的従属も，わざと親密でなくなる親密性回避行動も，恋愛関係の本来の親密さに結びつくことはありません。どちらも，恋愛依存症を引きおこす危険性があります。

親密でなくなる
尽くす

シェフの独自の方法

セラピストのアン・ウィルソン・シェフ（1934〜2020）はアメリカのアーカンソー州で生まれる

母親と曾祖母にチェロキー（ネイティブアメリカン）の伝統的な方法で育てられる

ワシントン大学で心理学博士号を取得

その後は学校心理学から大企業のコンサルまでさまざまな経験を積む

1984年、シェフは心理学の分野を去り

独自にあみだした依存症回復法を実践する

シェフの依存症回復法は世界中に広まり

Living in Process

40年にわたって個人、家族、社会をいやしている

著述家の喜び

シェフは
フェミニストとしても
活発に活動

Woman's
Reality

1981年、
のちに世界中の大学で
授業に使われる
『女性の現実』を著す

心理学分野では
1987年に
世界的ベストセラー
『嗜癖する社会』を発表

依存症が現代社会
特有の病であることや
依存症からの回復に
ついて書かれている

シェフは生涯に
18冊の本を書いた

短編小説を書くこと
もあったという

「思っていても
はっきり言葉に
できなかったことを
書いてくれている」

読者から
そういわれることを
シェフは喜んでいた

memo

第4章

依存症になってしまう心理

ここまで，物質依存症，行為依存症，人への依存をみてきました。人は，なぜ依存症になってしまうのでしょうか。第4章では，依存症になってしまう心理について，みていきましょう。

1 自己評価が低い人は，依存症になりやすい

心理学的な研究も欠かせない

脳科学の発展は，依存症の人の脳の特徴を明らかにしました。その結果，依存性のある物質や依存性のある行為が，脳の神経回路にどのような変化をもたらすのかが，わかってきました。

しかしこうした生理学的な研究では，依存症の人が依存症を発症した理由や，依存症を再発した理由をつきとめることはできません。**依存症を理解するには，依存症の人の経験や感情を対象にする，心理学的な研究も欠かせないのです。**

1 自己評価が高い人と低い人

自己評価が高く自信のある人と，自己評価が低く自信のない人をえがきました。自己評価が低いと自分のことを大切に思えず，心理的な苦しみを緩和しようと何かにすがりたくなります。その結果，依存症になりやすくなります。

自己評価が低いと，自分のことを大切に思えない

依存症になりやすい性格というのは，存在するのでしょうか。研究によると，依存症になりやすい性格があるわけではないようです。**ただ，自己評価が低い人は，依存症になりやすいといいます。**

子供のころに虐待やいじめを受けた人は，自己評価が低い人になる傾向があります。自己評価が低い人は，自分のことを大切に思えなかったり，自分の気持ちを素直に伝えられなかったり，いつも死にたいとか消えたいという希死念慮を抱いたりすることがあります。そのため自己評価が低い人は，依存症になりやすいのです。

2 自分をもだますうそが，依存症を進行させる

自分は依存症ではないと，強く否定

依存症の人には，ある共通した特徴があります。それは，自分が依存症であることを認めたくない，周囲の人にさとられたくない，という心理をもっていることです。

周囲の人から依存症の可能性を指摘されると，自分は依存症ではないと強く否定したり，ハメを外すことがあるかもしれないがそれほど重症ではないと事態を軽視したりします。このような特徴的な発言や思考は，「否認」とよばれます。

否認をしている人は，自分がうそをついているという自覚がない場合も多く，依存をつづけるための口実にすることもあります。

批判をかわし，心の安定を保とうとする

家族や友人が依存症かもしれないと思ったときに，「意思が弱い」「周囲の人に迷惑をかけている」と，責めてしまう人がいるかもしれません。しかし，そういった発言が，否認を生むと考えられています。依存症の人は，否認によって批判をかわすだけでなく，自分自身をもだまして，心の安定を保とうとするのです。

否認は，本人や周囲の人が，依存症の症状を把握することをさまたげます。いつの間にか重症化し，周囲の人の助けがなければどうにもならない状況まで，追いこまれてしまうこともあります。

2 否認のパターン

アルコール依存症の人を例に，4種類の否認のパターンをあげました（A～D）。否認をする人は，自分がうそをついているという自覚がない場合も多いです。

A. 問題の否認

自分が飲んでいるのはビールだ。ビールは酒ではない。

自分は依存症ではない。

自分の意思で，飲酒量をコントロールできている。

B. 事態の軽視

やめようと思えば，明日からでもやめられる。

たまにハメを外すが，だれにも迷惑をかけていないし，それほど重症ではない。

この程度は，酒におぼれているうちに入らない。

C. あきらめ

体に害があるのは知っているが，むしろ，その害で死にたいくらいだ。

せちがらい世の中だ。どうせ酒をやめても，楽しいことなんてない。

D. 責任の転嫁

仕事のつきあいだからしかたがない。

酒を手放せないのは，ストレスだらけの社会のせいだ。

博士！教えて!!

友だちが依存症だったら？

博士，友だちがゲームばっかりしていて，依存症かもしれないんです。僕，どうしたらいいですか？

ふむ。最近は，小学生でもゲームの依存症になってしまう人がいるようじゃの。ゲームをするから学校に行かないとか，ご飯を食べずにゲームをするとか，ゲームよりも大事なことをおろそかにしはじめたら要注意じゃ。

そうなんだ。

依存症になったら，自分ではやめられん。まわりの人がやめてといっても，火に油を注ぐようなものじゃ。

じゃぁ，どうしたらいいんでしょう。

おかしいなと思ったら，まずは大人に相談してみることじゃ。友だちをゲーム以外の遊びに誘って，いっしょに楽しい時間を過ごすのもいいかもしれんの。

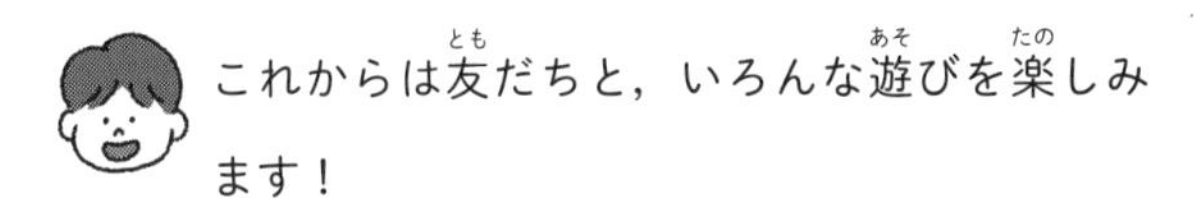

これからは友だちと，いろんな遊びを楽しみます！

3 目にしただけでも，依存症再発のきっかけに

給料日になると，お酒を飲みたくなる

アルコール依存症を治療中の人の中には，給料日になるとお酒を飲みたくなるという人もいます。 この人はかつて，給料日にはきまってお酒を飲んでいました。そのため，脳がそれを学習して記憶していて，給料日になるだけで自動的にお酒を飲みたくなってしまうのです。

このような反応を，心理学では「条件反射」といいます。**そしてこの人にとっての給料日のように，依存症の再発のきっかけになりうる出来事や状況を，「引き金（トリガー）」といいます。**

3 依存症再発の引き金

アルコール依存症を治療中の人が，給料日に自動的にお酒を飲みたくなっているようすをえがきました。一度でも依存症になったことがある人は，自分の引き金について，よく理解しておくことが重要です。

給料日になると自動的にお酒を飲みたくなっちゃうなんて，困るわね。

最終的に，引き金を引かずにすむこともある

一度依存症になると，依存性のある物質を見ただけで，それが引き金となります。さらには，たとえば依存性のある物質を摂取するのに使っていたミネラルウォーターの容器を見ただけでも，それが引き金になります。

一方で，引き金となるような出来事や状況に遭遇しても，最終的に引き金を引かずにすむこともあります。たとえば，家族といっしょに過ごしているときやお金がないときなどです。**一度でも依存症になったことがある人は，自分の引き金について，よく理解しておくことが重要です。**

イライラするとか，嫌なことがあったなど，感情が引き金になって依存症がはじまることもあるのだ。これを「内的引き金」というのだ。

4 再発をおさえてくれる存在を，見つけておこう

欲求に，流されないようにしてくれる

実は，依存症になったことがある人の誰もが，引き金を引かなくてもすむ状況や，引き金を引かなくてもすむ場所をもっているといいます。そうした状況や場所は，「いかり（アンカー）」とよばれています。

いかりは一般的に，船が流されないように，船上から鎖をつけて水底に沈めるおもりのことです。ここでは，依存性のある物質の摂取や依存性のある行為をしたいという欲求に，流されないようにしてくれる存在という意味です。

宴席に，いっしょに出席してもらう

たとえばアルコール依存症を治療中の人にとって，家族や支援してくれる人は，大きないかりになります。

どうしても宴席に出席しなければならないときは，いっしょに出席してもらって，お酒を飲まないように注意してもらいます。ひとり暮らしでお酒を飲んでしまう可能性が高い日があるときは，一時的に実家に帰って家族とすごします。給料日にお酒を飲みたくなる場合は，給料日は支援してくれる人と食事をする日と決めておくといいでしょう。

いかりを見つけておくことは，自分の引き金を理解しておくこと以上に，重要なことです。

4 再発をおさえるいかり

依存症の再発をおさえる，いかりのイメージをえがきました。
家族や支援してくれる人は，大きないかりになります。

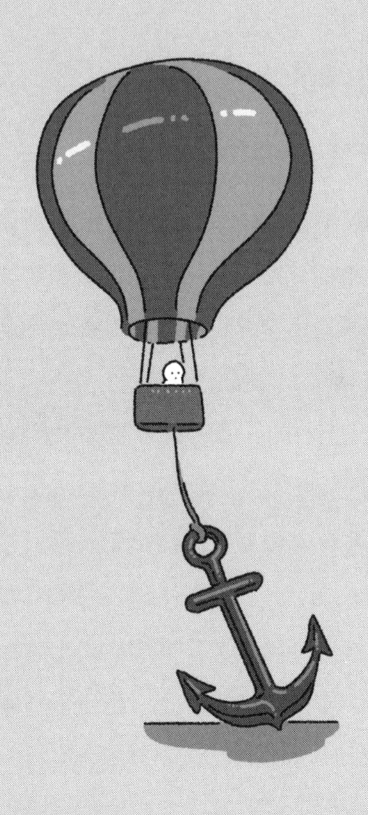

5 脳がさまざまな理由を考え，誘惑してくる

他人や突発的な出来事のせいにする

依存性のある物質の摂取や依存性のある行為をやめようと決心しても，脳はさまざまな理由を考えだして誘惑します。これを「再発の正当化（いいわけ）」といいます。

よくある正当化は，ばったり旧友に会ったなど，他人や突発的な出来事のせいにするというものです。本人が考える破滅的な出来事も，正当化に使われます。恋人に振られて落ちこんだときなどに，正当化がはじまります。また，本人が考えるお祝いすべき出来事が，正当化に使われることもあります。

5 再発の正当化

再発の正当化のイメージをえがきました。本人の決心とは別に，脳はさまざまな理由を考えだして誘惑してきます。再発の正当化がひんぱんにおきると，引き金を引きたくなってしまいます。

助けを求めることが大切

　正当化して引き金を引こうとする強さは，依存性のある物質の摂取や依存性のある行為をやめている期間が長くなればなるほど，弱くなるとされています。

　しかしそれでも，正当化がひんぱんにおきると，引き金を引きたくなってしまいます。**そのようなときに引き金を引かないように，孤立することなく，自分の悩みを話すことができる自助グループなどに助けを求めることが大切です**※。

※：自助グループは，同じ問題を抱える人たちが自発的に集まって，問題を分かち合い，支えあうグループです。

6 発達障害の人は，依存症になりやすい

自己評価が低くなりやすい傾向がある

発達障害とは，生まれつき脳の発達が通常とことなることで，生活に支障をきたしてしまう場合があることをいいます。

発達障害の人は，脳の報酬系の神経回路が機能しづらいという特徴があります。報酬系は，快楽を生みだすだけでなく，自己肯定感や自尊心を制御しています。**そのため発達障害の人は，自己評価が低くなりやすい傾向があります。**

自己評価が低いまま学校や会社などで集団生活をつづけると，社会に対する不適応感から，不安や不満がつのります。そして不安や不満をまぎらわせるために，お酒やギャンブルをくりかえし，依存症になってしまうことがあります。

治療薬が，依存症を引きおこすことがある

発達障害の一つに，「注意欠陥多動性障害（ADHD）」があります。**ADHDの代表的な治療薬である「メチルフェニデート」は，報酬系の機能を改善する作用があります。**適切な服用によって，ADHDの症状が改善することで，依存症の治療がうまくいくこともあります。

しかしその一方で，メチルフェニデートは，医師の指示にしたがわない不適切な服用によって，依存症を引きおこすことがあります。安易な処方や不適切な服用が問題となり，現在では取り扱いにきびしい規制が設けられています。

2006年に行われた「アメリカにおける成人のADHDの疾病率と相関関係」という調査では，15.2%が何らかの物質依存症になっているという結果が出ているマレー。

6 発達障害と依存症

不安を感じている発達障害の人をえがきました。発達障害の人は，集団生活で感じる不安や不満をまぎらわせるために，依存症になってしまうことがあります。

発達障害の人は，脳の報酬系の神経回路が機能しづらいのだ。

7 親が依存症の子は，依存症になりやすい

自分が悪いと考えてしまう

親がアルコール依存症や薬物依存症で，機能不全家族の中で育った人のことを，「アダルトチルドレン」といいます※。機能不全家族とは，子供に対して，精神的なストレスや身体的なストレスが日常的にある家庭のことです。

親が依存症だと，子供に身体的な虐待や精神的な虐待がくわえられて，機能不全家族になりやすくなります。しかし子供は，親に問題があるとは考えず，逆に自分が悪いと考えてしまいます。そのためアダルトチルドレンは，自己評価が低い傾向があります。

※：アダルトチルドレンという言葉は，アメリカのアルコール依存症の治療現場から生まれました。

7 アダルトチルドレン

親がアルコール依存症の，機能不全家族をえがきました。このような家庭の中で育った人を，アダルトチルドレンといいます。アダルトチルドレンは，自己評価が低く，依存症になりやすいといわれています。

心がみたされず，依存症になってしまう

アダルトチルドレンの中には，低い自己評価をくつがえそうと考え，仕事に没頭して，成功をおさめる人もいます。**しかしその一方で，つねに心が満たされず，依存症になってしまう人もいます。**

また，無意識のうちに，自分の親と同じような薬物依存症の人やギャンブル依存症の人，浮気や暴力をくりかえす人を，パートナーに選ぶことがあります。

アメリカのアダルトチルドレンという言葉は，主にアルコール依存症の機能不全家族に育った人のことをさしているけど，日本のアダルトチルドレンの概念は，さらに広く，自己のアイデンティティの不安定さやある種の生きにくさを感じている人なども含むマレー。

8 自分を傷つける人間関係が，依存症に導く

「否定される関係性」と「支配される関係性」

自分を評価することが苦手な人や，自分の気持ちをうまく伝えられない人は，自分を傷つける人間関係に巻きこまれやすい傾向があります。そしてそのような人間関係から抜けだせずに，自信を失い，依存症になったり依存症からの回復が遅れたりすることがあります。

自分を傷つける人間関係は，主に二つあります。一つは「否定される関係性」で，もう一つは「支配される関係性」です。

ありのままの自分でいることが，むずかしい

否定される関係性では，自分の存在が否定されます。たとえば，合理的な理由もなくつねにだめを出される，容姿を否定される，暴力をふるわれるなどします。支配される関係性では，さまざまな束縛をされます。他人との交流を制限される，経済的な自立をさまたげられる，意見することを認められないなどします。

二つの関係性に共通しているのは，ありのままの自分でいることがむずかしいということです。**二つの関係性からは距離をおき，自分らしくいられる居場所をみつけることが大切です。**

人間関係を考えることも
大切なんだね！

8 自分を傷つける人間関係

自分を傷つける人間関係である，二つの関係性をえがきました。否定される関係性（A）と，支配される関係性（B）です。どちらの関係性も，依存症の原因になることがあります。

A. 否定される関係性

つねにだめを出される，容姿を否定される，暴力をふるわれるなどして，自分の存在を否定されます。

B. 支配される関係性

他人との交流を制限される，経済的な自立をさまたげられる，意見することを認められないなどして，束縛されます。

memo

第5章

依存症から回復するために

依存症は，年齢や性別，社会的地位などに関係なく，誰もがなる可能性のある病気です。第5章では，依存症から回復するために，何が必要なのかをみていきましょう。

1 孤立を防ぐことが，依存症からの回復に必要

グループで治療プログラムを行う

依存症は，社会で孤立している人がなりやすく，依存症の進行とともにますます孤立していく，「孤立の病」だといわれています。そのため，依存症からの回復には，孤立を防ぐことが必要です。

病院での治療は，専門医との1対1の対話が中心となります。しかしそれだけでは，本人の孤立を防ぐことができず，回復に結びつかないこともあります。そのため，グループで治療プログラムを行う病院がふえています。同じ依存症の人の悩みを聞き，自分も打ち明けることで，自分の居場所を見つけられ，依存性のある物質の摂取や依存性のある行為を「やめつづける」ことが

1 孤立

人とのつながりがなく，社会で孤立している人をえがきました。孤立していると，孤立する苦痛をまぎらわせるために依存症になり，依存症の進行によってさらに孤立してしまうという，悪循環が生じてしまいます。

同じ問題を抱える仲間がいたら，
きっと心強いマレー！

できるようになるのです。

自助グループで，人とのつながりをつくる

医療機関に行く以外にも，同じ依存症に悩む人が自発的に集まって回復を目指す，「自助グループ」に参加する選択肢もあります。自助グループは国内に多数存在しており，そこではさまざまな人たちが，対等な関係でミーティングを行っています。自助グループで人とのつながりをつくり，依存症から回復して，元の生活を取りもどした人は多くいます。

自助グループのほとんどは，匿名で参加できるのだ。自分の欲求や体験を正直に打ち明けられること，同じ目標をもった仲間と出会えること，自分の居場所ができることなどの利点が，依存症の回復を後押しするのだ。

2 薬物依存症の治療プログラム「スマープ」

治療の場を，安心できる場にする

覚醒剤再乱用防止プログラムの一つに，「スマープ（SMARPP）」とよばれるものがあります※。スマープは，患者どうしのグループセッションを，週に1回のペースで，合計24回行うプログラムです。2006年に神奈川県立精神医療センターせりがや病院で開発され，現在は日本国内の多くの医療機関で実施されています。

覚醒剤をやめつづけるには，治療を継続することが何よりも大切です。そのためスマープでは，治療の場を安心できる場にすることが，重視されています。患者の来院はいつでも歓迎さ

※：SMARPPは，「Serigaya Methamphetamine Relapse Prevention Program」の略です。

れ，患者が覚醒剤を再使用してしまったと告白しても，秘密は守られます。

病気は，刑罰では治らない

覚醒剤は，再使用の確率が非常に高い薬物です。しかし，スマープを受けた患者の約68％は，スマープ終了から1年後の1か月間，一度も覚醒剤を使用しませんでした。また，スマープを受けた患者の約4割は，スマープ終了から最長1年間，覚醒剤をやめつづけることに成功しました。

薬物依存症は病気であるため，刑罰では治りません。スマープのようなプログラムが，薬物依存症から回復する大きなきっかけとなるのです。

スマープは薬物依存の治療に，とても効果があるのね。

2 スマープ

スマープを受けている患者が，リラックスしながら話しているようすをえがきました。治療の場を安心できる場にすることで，患者は治療を継続することができます。

覚醒剤をやめつづけるには，治療を継続することが，何よりも大切なのだ。

「マトリックスモデル」

覚醒剤再乱用防止プログラムのスマープが開発される際，参考にされたプログラムがあります。アメリカの依存症治療プログラムの「マトリックスモデル」です。

1980年代，アメリカの西海岸では，コカインが大流行しました。コカイン依存症の患者は，治療を開始しても，すぐに脱落してしまいました。**そこで開発されたのが，治療の継続を最優先にした，マトリックスモデルです。**現在のマトリックスモデルでは，患者どうしのグループセッションを，夜間に週に3回のペースで，およそ4か月間参加します。

マトリックスモデルのグループセッションでは，患者がリラックスしながら近況を話すことに，多くの時間が費やされます。スタッフも患者に温かく接し，患者から「薬物を使ってしまった」といわれたら，「話してくれてありがとう」などと感謝の言葉を伝えます。**このマトリックスモデルの，治療の場を安心できる場にするという考え方が，スマープにも受けつがれました。**

3 精神的に強くなるよりも，賢くなる！

摂取や行為をしてしまう状況からはなれる

依存症の患者のうち，依存性のある物質の摂取や依存性のある行為をくりかえしてしまう人とやめつづけている人には，どのようなちがいがあるのでしょうか。

摂取や行為をやめつづけている人は，けっして精神的に強くなったのではありません。摂取や行為をしてしまう状況から遠くはなれていることで，やめつづけることができているのです。**やめつづけるためには，自分がどういう状況で摂取や行為をしてしまうかを知り，そういう状況におちいらないようにする賢さが必要です。**

3 自分の行動の点検と見直し

自分の行動を点検している，依存症の患者をえがきました。精神的な強さではなく，摂取や行為をしてしまう状況におちいらないようにする賢さが必要です。

最近，睡眠不足が
つづいているから，
早く寝るようにしよう。
それから来週は，
自助グループに
参加しよう。

自分の行動を点検し，見直す

依存性のある物質の摂取や依存性のある行為をしてしまうきっかけは，普段の行動の中にひそんでいます。そのため，一定の間隔で自分の行動を点検し，見直すことが大切です。

生活に乱れが出てきたり，小さなうそが積み重なってきたりすると，摂取や行為をふたたび行うことにつながります。また，自助グループなどを活用し，孤立をさけることも重要です。

依存症から回復しつづけている人には，ある共通点があるマレー。それは，自分には強い意志があるとは考えずに，自分は弱いからこそ，賢く依存症とつき合おうと考えていることだマレー。

4 自助グループでたがいにほめ，はげましあおう

依存症の種類に応じて，さまざまなものがある

　自助グループは，同じ問題を抱える人たちが自発的に集まって，問題を分かち合い，支えあうグループです。依存症の自助グループは，依存症の種類に応じてさまざまなものがあります。また，依存症の本人のための自助グループだけではなく，依存症の人の家族のためのものもあります。

　こうした自助グループはすべて，依存症の人や依存症の人の家族，支援者などによって，自主的に運営されています。

家族にかわって，ほめ，はげましてくれる

依存症からの回復に自助グループが必要な理由の一つは，依存性のある物質の摂取や依存性のある行為をやめつづけるために，物質や行為にかわる「報酬」が必要だからです。

たとえばアルコール依存症の患者には，お酒にかわる報酬が必要です。患者は，お酒の摂取をやめると，最初は家族にとてもほめてもらえます。これは患者にとって，お酒にかわる報酬です。ところが半年もすると，患者は家族からほとんどほめてもらえなくなり，報酬がなくなってしまいます。

自助グループは，家族にかわって患者をほめ，はげまし，必要な報酬をあたえてくれる存在なのです。

4 自助グループ

自助グループの参加者が，たがいにほめあっているようすをえがきました。自助グループでほめられることは，依存性のある物質の摂取や依存性のある行為をやめつづけるための報酬になります。

すごい！

5 依存症の人の家族を支援する「クラフト」

衝突してしまうだけだった

依存症の人がいる家族は，地域や親族から孤立してしまうことがあります。また，依存症の人の家族は，意図せずに依存症を悪化させてしまうこともあります。しかし従来，家族にできることといえば，依存症の人に依存性のある物質やお金をわたさないようにするか，依存症の人と別居や離婚をするかぐらいしかないと考えられてきました。しかもそのようなことをしても，依存症の人と家族が衝突してしまうだけでした。**そこで考えだされたのが，依存症の人の家族のためのプログラムである，「クラフト（CRAFT）」です※。**

※：CRAFTは，「Community Reinforcement And Family Training」の略です。

5 肯定的な言葉を使う会話

アルコール依存症の夫と，妻が会話するようすをえがきました。クラフトでは，肯定的な言葉を使うことや，「私」を主語にした話し方をすることなどを学びます。

正しいコミュニケーションのとり方を知っていたら，とっても安心よね！

治療に向かってもらえるようにする

クラフトでは，依存症の人と家族のさまざまな衝突の場面を取り上げて，それぞれの状況に適した具体的なコミュニケーション方法を学びます。

たとえばアルコール依存症の人にお酒をやめてもらいたい場面では，家族は「あなたの飲酒のせいで生活が台なしだ」と指摘するのではなく，「私はお酒を飲んでいないあなたが好きだ」と伝えます。こうしたコミュニケーションを積み重ねることで，依存症の人に治療に向かってもらえるようにするのです。

たとえば，「あなたが嘘をつくのには耐えられない」を「あなたを信じたいけれど，その話にはおかしいところがあるよ」といった言い方にするなど，否定的な言葉を肯定的な言葉に変えることで，相手との衝突を避けることができるのだ。

memo

6 飲みたい気持ちを，おさえてくれる薬もある

少量のお酒で，吐き気や頭痛がおきる

依存症は，意志の強さで治るものではありません。**そのため，アルコール依存症の治療では，依存症からの回復を助ける薬を使用することもあります。**

「抗酒薬」は，アルコールが分解されてできる有害なアセトアルデヒドが，無害な酢酸へ分解されるのをさまたげる，肝臓ではたらく薬です。抗酒薬を飲んでおくと，お酒を少し飲んだだけで血中のアセトアルデヒド濃度が大きく上昇し，吐き気や頭痛がおきます。

お酒を飲んでも，あまり満足感が得られない

　近年は，脳ではたらくアルコール依存症の薬も使われています。断酒中の人の飲酒欲求をおさえる**「断酒補助薬」**や，飲酒欲求と飲酒時の満足感をおさえる**「飲酒量低減薬」**です。飲酒量低減薬は，ドーパミンを放出する神経細胞のはたらきを間接的におさえて，お酒を飲んでもあまり満足感が得られない状態にするとされています。

　薬は，専門医の治療と組み合わせて，はじめて効果を発揮するものです。必ず医師の指導を受けながら，適切に使用しましょう。

抗酒薬は肝臓ではたらく薬で，断酒補助薬や飲酒低減薬は，脳ではたらく薬なのね。

6 アルコール依存症の治療薬

抗酒薬のはたらき（A）と，飲酒量低減薬が間接的にはたらきをおさえるとされる，ドーパミンを放出する神経細胞（B）をえがきました。

A. 抗酒薬のはたらき

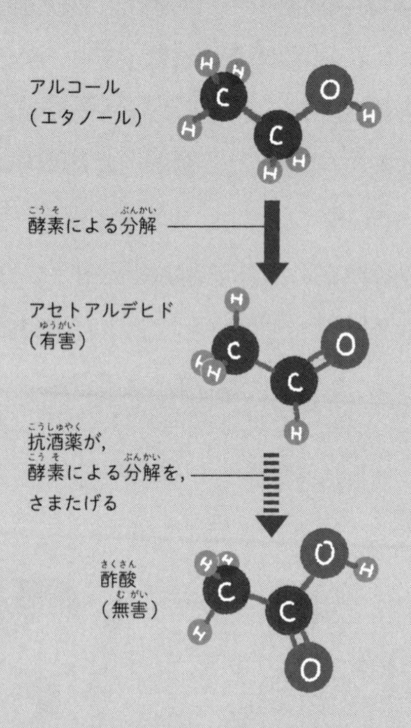
アルコール
（エタノール）
酵素による分解
アセトアルデヒド
（有害）
抗酒薬が，
酵素による分解を，
さまたげる
酢酸
（無害）

B. ドーパミンを放出する神経細胞

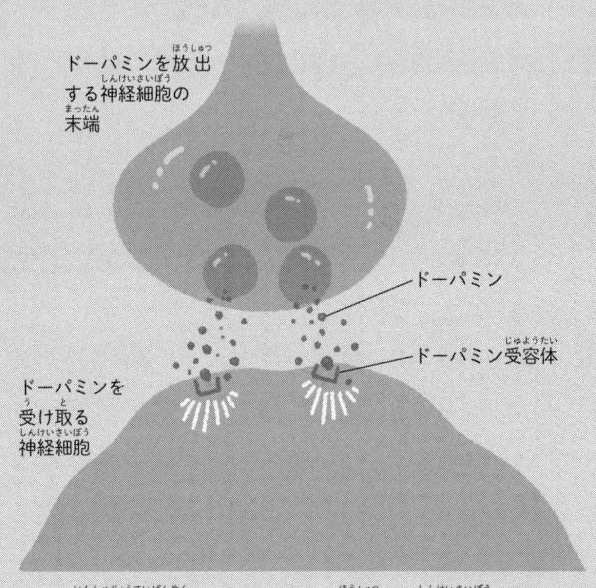
ドーパミンを放出
する神経細胞の
末端
ドーパミン
ドーパミン受容体
ドーパミンを
受け取る
神経細胞

飲酒量低減薬は，ドーパミンを放出する神経細胞のはたらきを，間接的におさえるとされています。くわしいしくみは，わかっていません。

依存症かなと思ったら

本書では，さまざまな依存症を紹介しました。**もしかしたら自分は依存症かもしれない，と思った人もいるのではないでしょうか。**あるいは，家族や友人が依存症かもしれない，と思った人もいるかもしれません。

依存症は，誰もが発症する可能性のある，身近な病気です。そしていったん依存症になると，依存性のある物質の摂取や依存性のある行為を，自分の意志だけでやめるのは困難です。依存症を治療せずに放置していると，依存症がますますひどくなってしまうこともあります。**依存症かもしれないと思ったら，すぐに誰かに助けを求めましょう。**

188～189ページの一覧表は，依存症について正しい情報が得られるウェブサイトと，依存症についての相談や支援が受けられる窓口をまとめたものです。**正しい知識を身につけ，適切な支援を受けることは，依存症からの回復のために何よりも大切なことです。**

【依存症について正しい情報が得られるウェブサイト】

政府広報オンライン	「アルコール，薬物，ギャンブルなどをやめたくてもやめられないなら… それは『依存症』という病気かも。」（https://www.gov-online.go.jp/useful/article/201803/2.html）
厚生労働省	「依存症の理解を深めよう。 回復を応援し受け入れる社会へ」 （https://www.izonsho.mhlw.go.jp/） 「依存症についてもっと知りたい方へ」 （https://www.mhlw.go.jp/stf/seisakunitsuite/bunya/0000149274.html）
依存症対策全国センター	「依存症に気づく」「理解したい」「全国の相談窓口・医療機関を探す」「自助グループのご紹介」など。 （https://www.ncasa-japan.jp/）

【依存症についての相談や支援が受けられる窓口】

国や地方自治体の機関	「保健所」「精神保健福祉センター」など。依存症対策全国センターのウェブサイトで，検索できます。
医療機関	「精神病院」「医療センター」「クリニック」など。依存症対策全国センターのウェブサイトで，検索できます。
回復支援団体	さまざまな依存症の発生予防や進行予防，再発予防にとりくむ「特定非営利活動法人ASK」や，薬物依存症からの回復をサポートする「NPO法人日本ダルク」など，依存症に応じた回復支援団体が全国にあります。
自助グループ	国や地方自治体の機関で，紹介してもらえます。また，依存症対策全国センターや回復支援団体のウェブサイトなどで，検索できます。

memo

さくいん

memo

シリーズ第33弾!!

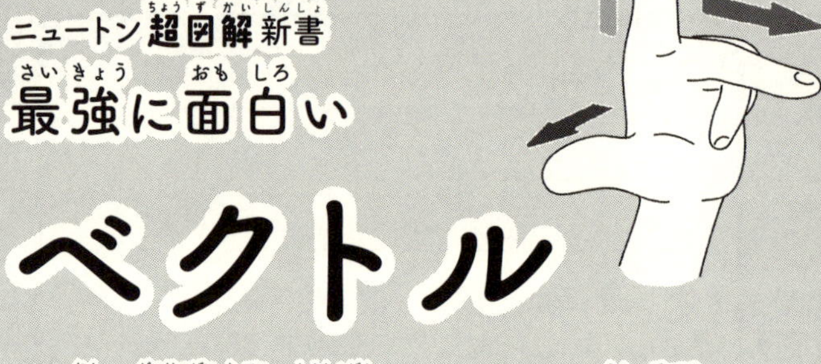

ニュートン超図解新書

最強に面白い

ベクトル

2024年11月発売予定　新書判・200ページ　990円（税込）

身長や体重の量は，170センチメートルや60キログラムといったように，数の大小であらわすことができます。では，風はどうでしょうか。

風には，秒速5メートルといった「大きさ」と，北風や南風などの「向き」があります。つまり風は，数の大小だけではあらわせない，向きをもった量なのです。このように，大きさと向きをもつ量のことを「ベクトル」とよびます。ベクトルは，矢印を使って表現できます。風の場合は，風速を矢印の長さで表現し，風の進む向きを矢頭の向きで表現するのです。

本書は，2021年4月に発売された，ニュートン式 超図解 最強に面白い!!『ベクトル』の新書版です。ベクトルの基本的な考え方や応用例について，“最強に”面白く紹介します。どうぞご期待ください！

最強にわかりやすいクラ！

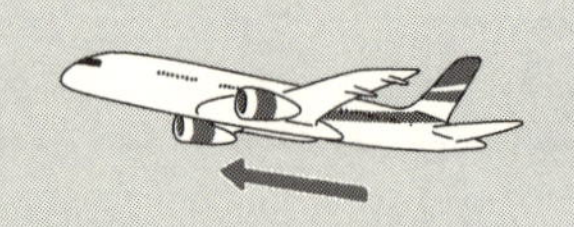

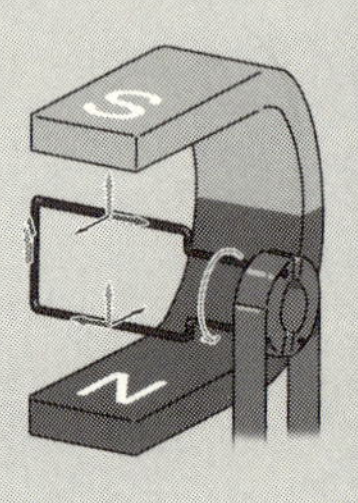

S
N